Ayan Mukherjee

Rede neural para reconhecimento de padrões

Ayan Mukherjee

Rede neural para reconhecimento de padrões

ScienciaScripts

Imprint
Any brand names and product names mentioned in this book are subject to trademark, brand or patent protection and are trademarks or registered trademarks of their respective holders. The use of brand names, product names, common names, trade names, product descriptions etc. even without a particular marking in this work is in no way to be construed to mean that such names may be regarded as unrestricted in respect of trademark and brand protection legislation and could thus be used by anyone.

Cover image: www.ingimage.com

This book is a translation from the original published under ISBN 978-620-2-31178-6.

Publisher:
Sciencia Scripts
is a trademark of
Dodo Books Indian Ocean Ltd. and OmniScriptum S.R.L publishing group

120 High Road, East Finchley, London, N2 9ED, United Kingdom
Str. Armeneasca 28/1, office 1, Chisinau MD-2012, Republic of Moldova, Europe
Managing Directors: Ieva Konstantinova, Victoria Ursu
info@omniscriptum.com

Printed at: see last page
ISBN: 978-620-8-39457-8

Índice

Resumo

O reconhecimento de padrões é um domínio maduro, mas estimulante e em constante evolução, que reforça os progressos em domínios cognatos como as redes neuronais, o processamento de imagens, a análise de texto e de discurso. Está próximo da aprendizagem automática e também se encontra em áreas emergentes como a biometria, a bioinformática, a análise de dados multimédia e, mais recentemente, a ciência dos dados. As redes neuronais ou sistemas conexionistas são sistemas de computação vagamente estimulados pelas redes neuronais biológicas que constituem os neurónios naturais. Estes sistemas aprendem e adaptam (ou seja, melhoram gradualmente o desempenho) as tarefas tendo em conta amostras, geralmente sem programação específica da tarefa. Resolve as desvantagens de várias metodologias, como a necessidade de serem combinadas com várias outras técnicas para a identificação de padrões e o tempo necessário para contar todas as amostras para o procedimento estatístico. Também resolve o problema dos métodos estruturais que não são eficazes para os padrões de cor e de intensidade e os métodos estruturais também não evoluem com os resultados anteriores. Ao contrário da rede neural, a metodologia estrutural é estática e não abrange os resultados anteriores para purificar o sistema de reconhecimento de padrões para a entrada seguinte. Sectores importantes como a ciência espacial, a ciência metrológica e vários outros domínios da ciência e da tecnologia dependem do reconhecimento de padrões, como as impressões digitais ou a robótica. O ritmo da abordagem determina a valorização da tecnologia. A rede neuronal oferece também a oportunidade de integrar outras tácticas com a rede neuronal para obter melhores resultados. O objetivo deste capítulo é recapitular e equacionar algumas das abordagens de renome utilizadas em várias fases de uma estrutura de reconhecimento de padrões e dar a conhecer aos utilizadores os pormenores da rede neuronal, a sua metodologia e exemplos.

Palavras-chave- Reconhecimento de padrões, padrões, deteção de padrões, rede neural.

Nesta fase, as entidades em causa são inspeccionadas e as caraterísticas são extraídas das entidades para processamento auxiliar e catalogação nas fases seguintes.

D. Classificação

Este nível utiliza o rendimento do primeiro nível e do terceiro nível como entrada, ou seja, utiliza a saída do primeiro nível como marca de base para os Classificadores e a produção da fase 3rd é utilizada como feedin da entidade a classificar.

Neste nível, a entidade é categorizada e posicionada num conjunto de padrões acordados.

E. Pós-processamento

Este nível, numa lista de fases de reconhecimento de padrões, calcula e avalia a precisão da catalogação da entidade num determinado conjunto de padrões

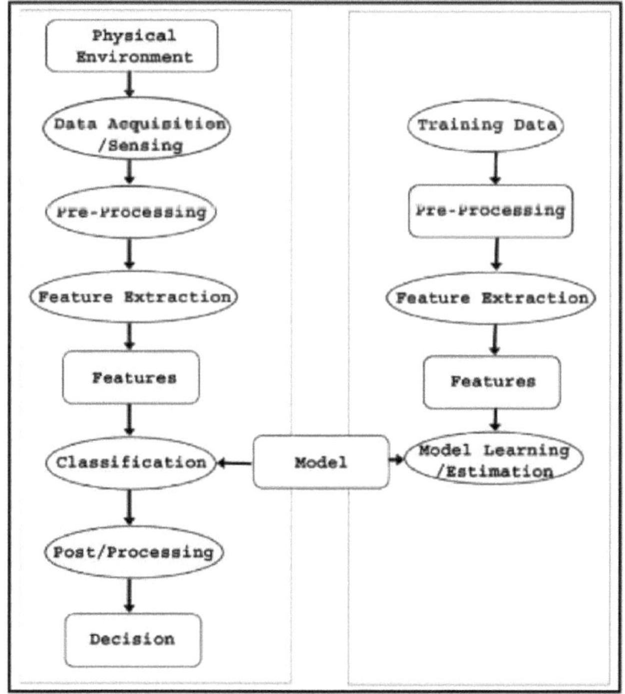

O reconhecimento de padrões com redes neurais artificiais tem inúmeras aplicações reais no processamento de imagens, alguns exemplos:

Reconhecimento e autenticação: por exemplo, reconhecimento de matrículas, análise de impressões digitais e deteção/verificação facial.

Médico: ECG, rastreio do cancro do colo do útero ou de tumores da mama;

Defesa: Vários sistemas de navegação e orientação, sistemas de reconhecimento de alvos, tecnologia de reconhecimento de formas, etc.

Reconhecimento ótico de caracteres: - Manuscrito: Seleção de cartas por códigos postais, Dispositivos de entrada para PDAs

Outras aplicações arquetípicas das técnicas de reconhecimento de padrões são o reconhecimento automático da fala, a organização do texto em várias categorias (spam/não-spam ou outro grupo de correio eletrónico), a identificação automática de códigos postais manuscritos em envelopes postais, o reconhecimento automático de imagens de rostos humanóides ou a extração de imagens de caligrafia de formulários médicos

Fase de classificação do reconhecimento de padrões

Existem quatro tipos de abordagem para a fase de classificação do reconhecimento de padrões

i. Correspondência de modelos
ii. Abordagem estatística
iii. Abordagem sintáctica e estrutural
iv. Abordagem de rede neural

CAPÍTULO 1

1. Abordagem de correspondência de modelos

Este é o método mais antigo e mais fácil de classificação de padrões de acordo com os classificadores. Nesta abordagem, está disponível um modelo ou protótipo e o reconhecimento do padrão ocorre através da determinação da semelhança entre duas entidades, como pontos, formas ou curvas. O padrão a reconhecer é comparado com o modelo armazenado, tendo em conta todas as operações permitidas, como a translação, a rotação e as alterações de escala. A medida de semelhança, frequentemente uma correlação, pode ser optimizada com base no conjunto de treino disponível. Muitas vezes, o próprio modelo é aprendido a partir do conjunto de treino [2].

Prós da correspondência de modelos

÷ Método rápido tendo em conta os computadores actuais com elevado poder de cálculo

Contras da correspondência de modelos

i. Funciona apenas num domínio muito restrito

ii. Falha se a imagem estiver distorcida devido ao processamento da imagem, mudança de ponto de vista, etc. iii. Requer muita computação.

CAPÍTULO 2

2. Abordagem estatística

É uma metodologia de reconhecimento de padrões baseada na modelação estatística de dados. Gera parâmetros caprichosos que resumem o comportamento do padrão a ser acreditado. O principal objetivo da classificação estatística de padrões é descobrir a que grupo ou classe pertence um determinado modelo. São utilizadas técnicas estatísticas como o teste de hipóteses estatísticas, a correlação e a classificação de Bayes para instigar esta técnica. Também é regida por um modelo probabilístico e um modelo de decisão para obter um algoritmo. A competência da abordagem estatística assenta exclusivamente nas caraterísticas que são designadas como classificadores.

Nesta metodologia, o padrão é deliberado em termos de carácter α. Este padrão é considerado como um ponto num planeta α-dimensional. O objetivo é escolher as caraterísticas que permitem que os vectores de padrões pertencentes a diferentes categorias ocupem regiões compactas e disjuntas no espaço de caraterísticas α-dimensional, ou seja, mais secções de compressão e disjuntas no espaço de caraterísticas α-dimensional. A eficiência do espaço de demonstração (conjunto de caraterísticas) é determinada pela forma como os padrões prósperos de diversas classes podem ser separados, dado um conjunto de padrões de treino de cada classe; o objetivo é estabelecer limites de decisão no espaço de caraterísticas, que separam os padrões que se enquadram em diferentes classes.

Na tática processual estatística, as fronteiras de decisão são resolvidas pelas dispersões probabilísticas do padrão de cada classe, que são necessariamente discriminadas ou aprendidas.

Outra abordagem na metodologia estatística é a abordagem baseada na exploração discriminada, na qual é necessário definir uma forma paramétrica do limite de decisão como primeiro passo; em seguida, o limite de decisão necessário da forma especificada é reconhecido com base na catalogação de padrões de pré-processamento ou de formação. Existem várias formas de construir esses limites, como o critério do erro médio quadrático.

De acordo com a filosofia de Vapnik, se alguém preserva uma quantidade limitada de informação para explicar um problema, tente resolver o delinquente diretamente e nunca decifre um problema de espetro mais amplo como passo transitório. É possível que a informação existente seja suficiente para uma resolução direta mas seja deficiente para decifrar um problema intermédio mais abrangente.

Vejamos a comparação entre a abordagem estatística e a correspondência de modelos [5]

Approach	Representation	Recognition Function	Typical Condition
Template Matching	Samples, curves, pixels	Distance Measure, Correlation	Classification Error
Statistical	Features	Discriminant Function	Classification Error

Tabela 1: Comparação entre a correspondência de modelos e a abordagem estatística

Prós do método estatístico

÷ Tem uma precisão elevada devido à sua capacidade de combinação com outros métodos

Contras do método estatístico

i. Demora muito tempo e é redundante, pois verifica todas as combinações, ou seja, conta as amostras

ii. Não evolui com a entrada anterior.

CAPÍTULO 3

3. Abordagem sintáctica e estrutural

Nesta metodologia, o objeto pode ser caracterizado por um conjunto de caraterísticas representativas e nominais de cardinalidade variável. Isto permite representar qualquer estrutura de padrões com inter-relações mais complexas entre atributos do que a dimensionalidade fixa utilizando a abordagem estatística. Nesta abordagem, os padrões são considerados como uma composição de subpadrões, que, por sua vez, são compostos por outros subpadrões mais simples. A unidade rudimentar ou de base, ou seja, o padrão mais simples, é designada por primitivos, sendo os padrões complexos considerados como inter-relações destes primitivos. Existe uma semelhança simples e formal entre as estruturas do padrão e a gramática da língua, em que os padrões personificam as frases da língua com primitivos como alfabetos. As frases são criadas de acordo com uma gramática. A gramática é maioritariamente gerada a partir das amostras de treino disponíveis que são fornecidas na fase de Aquisição de Dados e Deteção [5].

Na abordagem sintáctica, a catalogação não indica apenas a classe a que se refere, ou seja, o resultado não é apenas "Sim, pertence a esta classe" ou "Não, não pertence a esta classe", mas também esta metodologia fornece uma explicação sobre a derivação de um determinado padrão a partir das primitivas dadas. Este arquétipo está a ser utilizado com os padrões com estruturas definidas que podem ser descritas com um conjunto de regras, imagens texturizadas, etc.

O método sintático também pode ser utilizado através de gráficos. Neste caso, os nós são ligados quando os subpadrões correspondentes estão relacionados. Um item pertence a uma determinada classe quando o gráfico é isomórfico com gráficos protótipo. Como diz Marshall McLuhan: "Quando há sobrecarga de informação, o reconhecimento de padrões é a forma de determinar a verdade". Por exemplo: - O ECG ou eletrocardiografia na indústria médica utiliza a abordagem sintáctica. As formas de onda do ECG são representadas por uma malha de linhas verticais e horizontais, em que as formas de onda normais ou não saudáveis podem ser identificadas com gramáticas formais. A identificação do estado do coração começa por descrevê-lo em termos dos segmentos de linha básicos e depois tenta analisar as descrições de acordo com as gramáticas.

Vejamos a comparação entre a Abordagem Sintáctica e a Correspondência de Modelos

Approach	Representation	Recognition Function	Typical Condition
Template Matching	Samples, curves, pixels	Distance Measure, Correlation	Classification Error
Syntactic or Structural	Primitives	Grammar, rules	Acceptance Error

Tabela 2: Comparação entre a correspondência de modelos e a abordagem sintáctica

Prós do método estatístico

i. Pode ser utilizado para estruturas complexas

ii. Consome menos tempo e é adequado para soluções como conjuntos de caracteres.

Contras do método estatístico

i. Não é capaz de classificar padrões relacionados com as cores, a intensidade, etc.

ii. A segmentação dos padrões e a derivação da gramática é um processo pesado e moroso no caso de padrões ruidosos.

CAPÍTULO 4

4. Abordagem de rede neural

A metodologia das redes neuronais pode ser classificada como um conjunto substancial de estruturas computacionais análogas com um número inteiro e volumoso de processadores mais simples com um número n de interconexões. Nesta abordagem, os classificadores podem ser melhor descritos como uma rede de células que modelam os neurónios do cérebro humano. Para o efeito, utiliza-se um sistema neural de alimentação para a frente. O modelo de rede neural utiliza filosofias como a aprendizagem, a simplificação, a adaptação, a representação distribuída, a tolerância a falhas e o cálculo numa malha de grafos ponderados. Nos gráficos, os nós são os neurónios simulados e as arestas ponderadas focadas são redes entre as produtividades dos neurónios e as respostas dos neurónios [5].

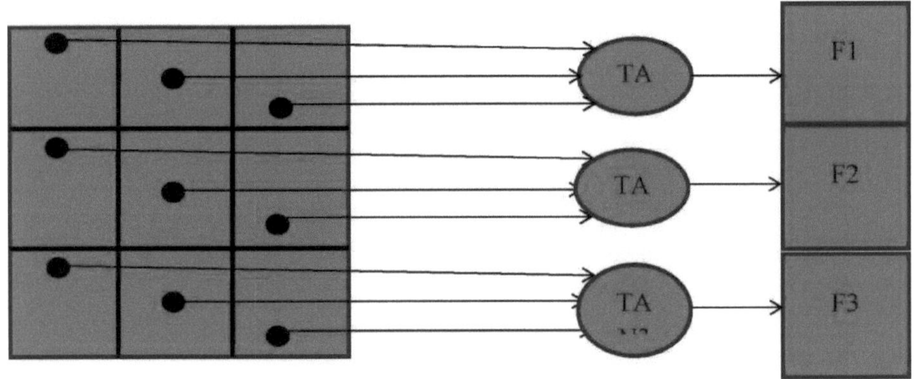

Fig 2: Rede Neural Feed-Forward

A principal caraterística das redes neuronais é o facto de terem a capacidade de aprender várias associações não lineares, de utilizarem um modus operandi de formação cronológica e de se adaptarem aos dados.

Raymond Kurzweil, um autor americano, cientista informático, inventor e futurista, declarou: "O reconhecimento de padrões de campo é a capacidade fundamental do cérebro humano. Não conseguimos pensar com rapidez suficiente para analisar logicamente todas as situações com rapidez, por isso confiamos no poder do reconhecimento de padrões, semelhante ao sistema neural humano"

Na maioria das vezes, na metodologia das redes neuronais, é implementada uma abordagem como o sistema feed-forward para tarefas de catalogação de padrões. Inclui redes perceptron de várias camadas e redes de função de base radial (RBF). Estas redes formam uma hierarquia de camadas com redes unidireccionais entre as camadas [5].

Outra metodologia de grelha predominante é a rede de Kohonen, também conhecida como mapa auto-organizável (SOM). É utilizada principalmente para o agrupamento de dados e a representação de caraterísticas. O procedimento de conhecimento inclui a modernização da arquitetura da grelha e a ligação de pesos para a eficiência da rede na execução de uma tarefa específica de classificação/agrupamento.

Tem uma dependência reduzida de informações reais precisas (em comparação com as metodologias baseadas em modelos e regras) e, devido à acessibilidade de algoritmos de aprendizagem competentes para utilização por parte dos profissionais, é uma abordagem de reconhecimento de padrões muito popular.

Approach	Representation	Recognition Function	Typical Condition
Template Matching	Samples, curves, pixels	Distance Measure, Correlation	Classification Error
Neural Networks	Samples, curves, pixels	Network functions	Mean Square Error

Tabela 3: Comparação entre a correspondência de modelos e a abordagem de rede neural

Esta abordagem pode implementar algoritmos não lineares para abstração e catalogação de caraterísticas, como o perceptron multicamadas. Os algoritmos de abstração e catalogação de caraterísticas prevalecentes podem também ser mapeados em arquitecturas de sistemas neuronais para uma maior eficiência.

As redes neuronais oferecem inúmeras vantagens, tais como tácticas integradas para abstração de caraterísticas, classificação e métodos maleáveis para encontrar resoluções decentes e discretamente não lineares.

4.1 Vantagens da rede neural

i. Erudição adaptativa: Capacidade de adquirir conhecimentos para realizar tarefas com base nos dados fornecidos pelo ensino ou pela experiência preliminar.

ii. Auto-Organização: Uma Rede Neural Avançada pode criar a sua própria associação ou representação das estatísticas que adquire durante o período de aprendizagem.

iii. Manobra em tempo real: Os cálculos das redes neuronais avançadas podem ser efectuados de forma análoga, e estão a ser considerados e concebidos equipamentos distintos para tirar partido desta competência.

iv. Leniência de erros através da codificação repetitiva de informações: A aniquilação fraccionada de um sistema conduz a uma privação equivalente da funcionalidade. No entanto, algumas competências do sistema podem ser mantidas mesmo com danos máximos na rede.

4.2 Pormenores sobre a abordagem por redes neuronais

Existem diversas formas de redes neuronais [5]: -

i. Metodologia de feed-forward
ii. Metodologia da rede de feedback
iii. Camadas de rede
iv. Perceptrão

I. Redes de realimentação: As Redes Neuronais Artificiais Alimentares garantem apenas o percurso unidirecional do sinal; da retroação para a resposta. Não há feedback (loops), ou seja, a resposta subsequente de qualquer camada não afecta a camada idêntica. As Redes Neuronais Artificiais Feed Forward tendem a ser redes diretas que subordinam as entradas às respostas. São utilizadas de forma abrangente no reconhecimento de padrões. Este tipo de associação é também designado por bottom-up ou topdown.

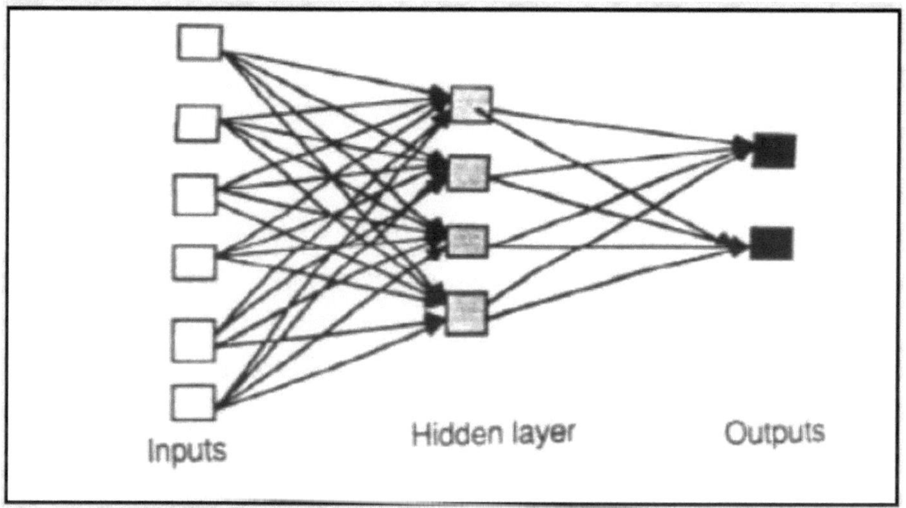

Figura 3 - Exemplo de uma rede simples de feed-forward

II. Redes de realimentação: Os sistemas de realimentação podem devorar sinais bidireccionais, ou seja, itinerantes em ambas as direcções, através da indução de loops na rede. Os sistemas de realimentação são redes de tipo dinâmico, ou seja, o seu "estado" altera-se incessantemente até atingir um ponto de equilíbrio. Mantêm-se no ponto de equilíbrio até que haja uma alteração na entrada e seja necessário descobrir um novo ponto de estabilidade.

III. Camadas da rede: Um dos tipos de sistemas neuronais simulados mais comuns é composto por três grupos, ou camadas, de unidades: um nível de unidades de "**entrada**" está ligado a um nível de unidades "**ocultas**", que está ligado a um nível de unidades **de "saída"**. A agitação das unidades de entrada incorpora as estatísticas brutas que são fornecidas ao sistema.

- A ação de cada unidade oculta é determinada pelas acções da camada ou entidades de entrada e pelos pesos das redes entre a camada de entrada e a camada oculta.
- O comportamento das entidades de saída depende da comoção da camada oculta e dos pesos entre os elementos ocultos e de saída.
- A camada oculta ou as entidades são autorizadas a conceber a sua própria representação da entrada.

Existem dois tipos de catalogação na camada de rede, ou seja, arquitecturas de camada única e arquitecturas de várias camadas. Na arquitetura de camada única, todas as entidades estão ligadas entre si; tem melhor poder computacional prospetivo do que os estabelecimentos multicamadas organizados hierarquicamente. Nos sistemas multinível, as entidades são numeradas por estrato, em vez de serem numeradas globalmente.

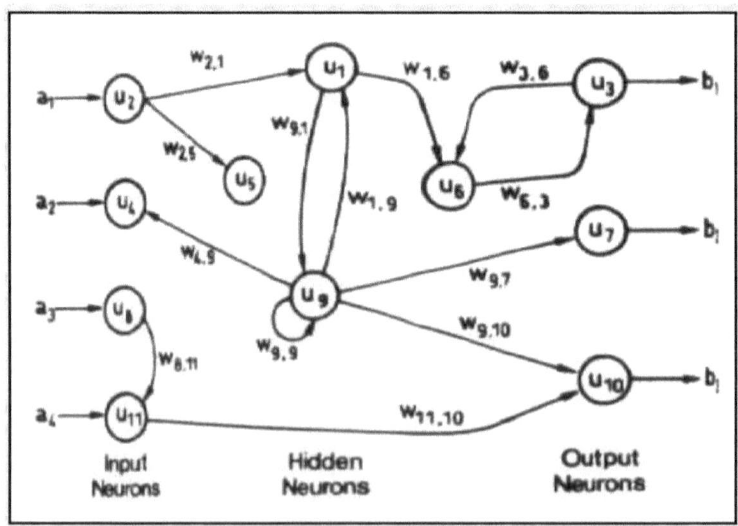

Figura 4.2 Um exemplo de uma rede complicada com camada oculta

IV. Perceptron: O perceptron é uma variação do modelo MCP com algum pré-processamento suplementar e fixo. Na figura abaixo, as entidades caracterizadas A1, A2, Aj, Ap são unidades de associação baptizadas e a sua funcionalidade consiste em extrair caracteres ou padrões precisos e confinados das imagens de entrada. O Perceptron personifica a ideologia elementar do sistema ótico dos mamíferos. Foram utilizados principalmente no reconhecimento de padrões, embora as suas competências se prolonguem por muito mais tempo.

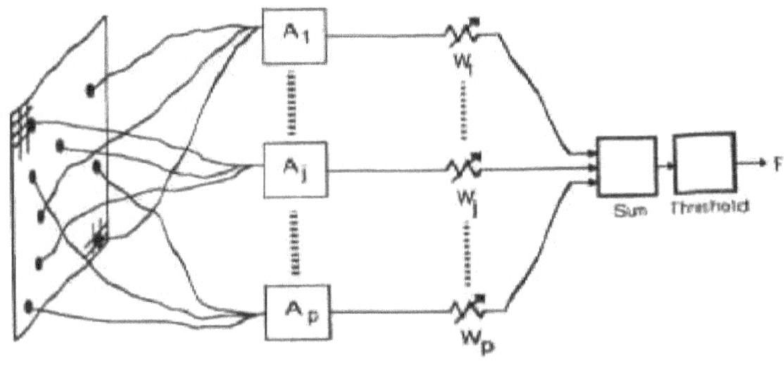

Fig. 3: Rede Neural Perceptron

4.3 Detalhes sobre a abordagem de engenharia de redes neurais

a) **Metodologia do Neurónio Simples:** Nesta metodologia, é funcionalizado um dispositivo do tipo neurónio simulado. Um neurónio simulado é um dispositivo com várias entradas e uma saída. O neurónio tem duas abordagens de manobra: o modo de ensino ou de aprendizagem e o modo de usabilidade. Na abordagem de aprendizagem, o neurónio pode ser tornado competente para disparar (ou não), para determinados padrões de entrada. Na abordagem de usabilidade, quando um delineador de entrada previamente treinado é percebido no feedback, sua saída concomitante se desenvolve como a saída contemporânea. Se a configuração do delineador de entrada não se enquadrar no grupo de arranjos de entrada previamente treinados, as instruções de disparo são usadas para regular os pontos de disparo [6].

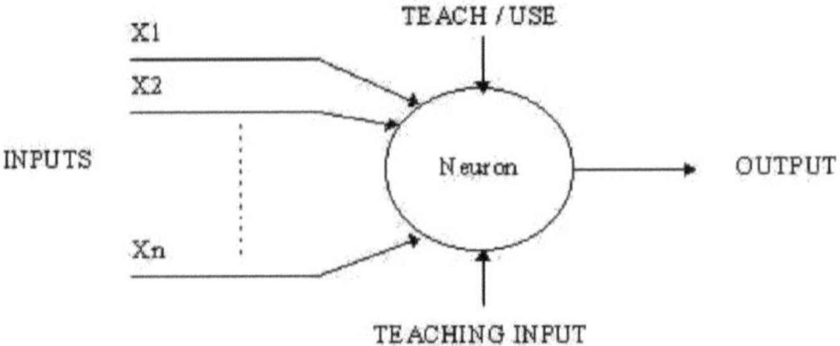

Fig 4: Neurónio Artificial Simples

b) **Instruções de disparo:** As instruções de disparo são a noção vital nos sistemas neuronais e responsáveis pela sua grande elasticidade. Uma instrução de disparo rege a tática de análise do momento em que um neurónio deve ser disparado para uma dada configuração de entrada. Esta instrução é aplicável a todas as configurações de entrada, independentemente do nó que foi tornado competente [6].

Reconhecimento de padrões em NN - um exemplo

A grelha da figura abaixo para o sistema neural é hábil para distinguir as configurações T e H. O contorno correspondente é todo preto e todo branco, como se mostra abaixo [6].

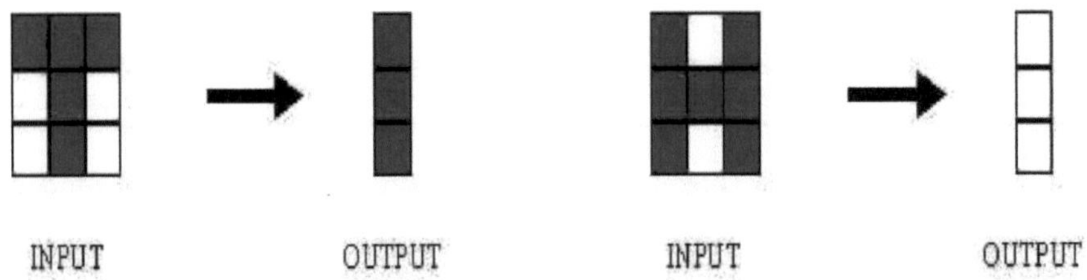

Se assinalarmos os blocos pretos com 0 e os blocos brancos com 1, então as tabelas de verdade para os 3 neurónios após a generalização são

X11:		0	0	0	0	1	1	1	1
X12:		0	0	1	1	0	0	1	1
X13:		0	1	0	1	0	1	0	1
OUT:		0	0	1	1	0	0	1	1

Neurónio superior

X21:		0	0	0	0	1	1	1	1
X22:		0	0	1	1	0	0	1	1
X23:		0	1	0	1	0	1	0	1
OUT:		1	0/1	1	0/1	0/1	0	0/1	0

Neurónio médio

X21:		0	0	0	0	1	1	1	1
X22:		0	0	1	1	0	0	1	1
X23:		0	1	0	1	0	1	0	1
OUT:		1	0	1	1	0	0	1	0

De acordo com as tábuas que devem ser percebidas, podem ser extraídas as seguintes conotações:

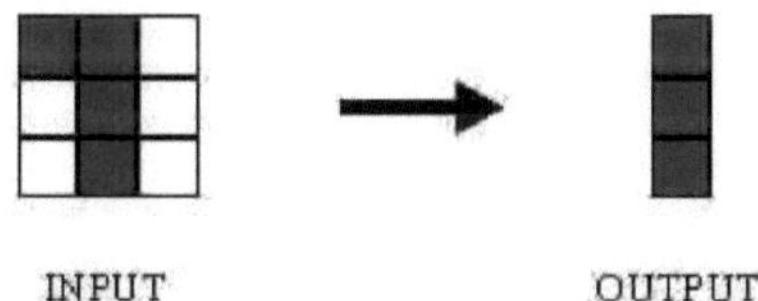

Neste caso, é evidente que a resultante deve ser toda preta, uma vez que a configuração de entrada é muito semelhante ao padrão "T".

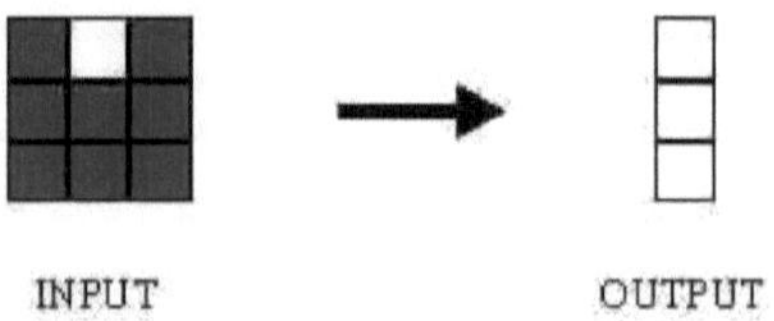

Também aqui se nota que o rendimento deve ser todo branco, uma vez que a configuração de entrada é semelhante ao padrão "H".

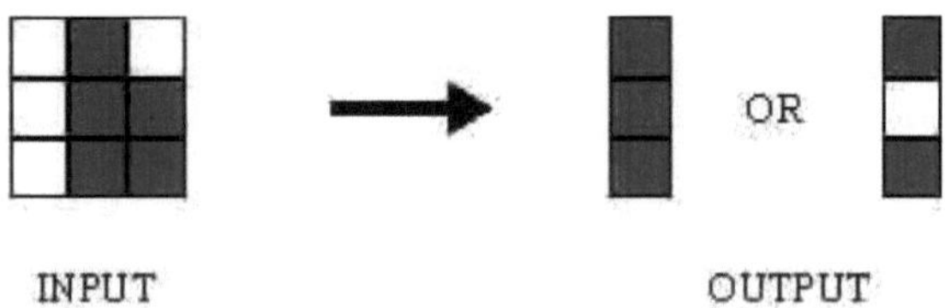

Aqui, a tupla de topo está a 2 faltas de um T e a 3 de um H. Por isso, a resposta de topo é preta. A tupla intermédia está 1 falta distante de T e H, pelo que a resposta é arbitrária. A tupla final está a 1 defeito de T e a 2 de H. Por conseguinte, a resposta é preta. A resposta agregada do sistema continua a favorecer a forma T [6].

c) **Neurónio complicado:** Um outro modelo de neurónio erudito é o modelo de McCulloch e Pitts (MCP). A diferença em relação ao protótipo anterior reside no facto de as extremidades receptoras serem "ponderadas"; a consequência da tomada de decisão para uma determinada entrada depende do peso dessa entrada específica. O peso de uma entrada é um valor que, quando cruzado com a entrada, fornece a entrada ponderada. Estas entradas ponderadas são depois somadas e, se ultrapassarem um valor-limite definido, o neurónio dispara. Em qualquer outra circunstância, o neurónio não dispara [6].

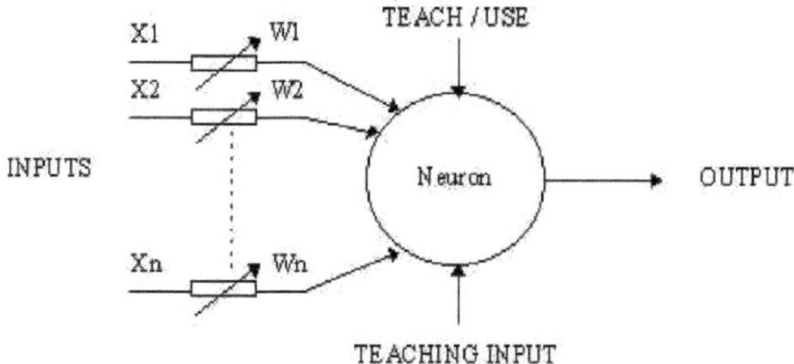

Fig 4: Um neurónio MCP

Nas expressões científicas, o neurónio dispara se e só se;

X1W1 + X2W2 + X3W3 + ... > T

A totalização dos valores de entrada e do bordo faz deste neurónio um neurónio muito elástico e dominante. O neurónio MCP tem a capacidade de se adaptar a uma determinada circunstância, alterando o seu valor ou os seus pesos e/ou o limite do bordo. Existem numerosos algoritmos que permitem que o neurónio se "adapte"; os mais comuns são a regra delta e a propagação do erro de retorno. O primeiro é utilizado em grelhas de feed forward e o segundo em sistemas de feedback [7].

4.4 Metodologia de aprendizagem da rede neural

A memorização de padrões e a subsequente resposta da rede podem ser caracterizadas em dois arquétipos gerais:

- **Mapeamento** associativo: - No mapeamento associativo, a rede interpreta para produzir um determinado padrão no conjunto de unidades de entrada sempre que um padrão específico adicional é aplicado no conjunto de unidades de entrada. O mapeamento associativo pode geralmente ser dividido em dois mecanismos:

o *Auto-associação*: Se um padrão de entrada for concomitante com ele próprio e os estados das unidades de entrada e de saída coincidirem, então pode ser designado por Auto-Associação. É utilizada para efetuar a competição de padrões, ou seja, para produzir um padrão sempre que é apresentada uma parte do mesmo ou um padrão distorcido. No segundo caso, a rede armazena efetivamente pares de padrões, criando uma associação entre dois conjuntos de padrões.

o *Hetero-associação*: Hetero-associação ou associação com uma entidade separada. Pode ser dividida em dois mecanismos de chamada:

- Recordação do vizinho mais próximo em que o padrão de saída fabricado corresponde ao padrão de entrada armazenado, que é o mais próximo do padrão apresentado.

- Recolha interpolativa, em que o padrão de saída é uma semelhança que depende da interpolação dos padrões armazenados correspondentes ao padrão apresentado. Outro exemplo, que é uma variante do mapeamento associativo, é a classificação, ou seja, quando existe um conjunto fixo de categorias em que os padrões de entrada devem ser classificados.

- **Deteção de regularidade:** - Na deteção de regularidade, as unidades aprendem a responder a propriedades específicas dos padrões de entrada. Enquanto no mapeamento associativo a rede armazena as associações entre padrões, na deteção de regularidade a resposta de cada unidade tem um "significado" preciso. Este tipo de mecanismo de aprendizagem é vital para a descoberta de caraterísticas e a representação do conhecimento.

Toda rede neural retém informações que estão contidas nos valores dos pesos das conexões. A alteração do conhecimento armazenado na rede em função da experiência infere uma regra de aprendizagem para alterar os valores dos pesos.

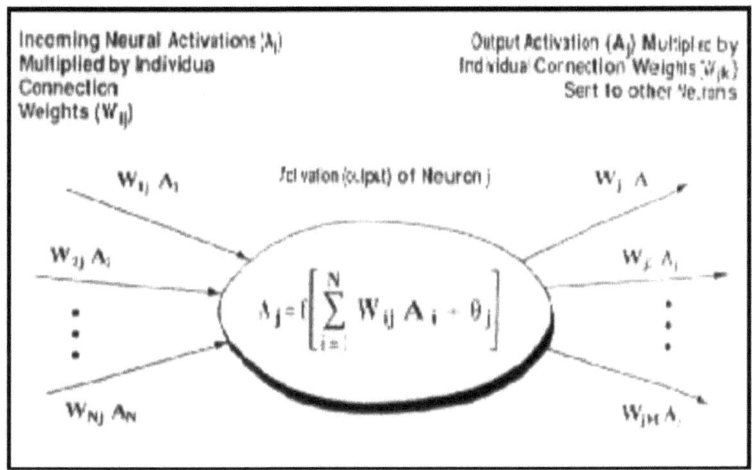

A informação é armazenada na matriz de pesos W de uma rede neuronal. A aprendizagem é a determinação dos pesos. Após a forma como a aprendizagem é efectuada, podemos distinguir duas classificações principais de redes neuronais:

- Redes fixas em que os pesos não podem ser alterados, ou seja, dW/dt=0. Nestas redes, os pesos são fixados numa prioridade de acordo com o problema a resolver.
- Redes adaptativas que são capazes de alterar os seus pesos, ou seja, dW/dt não = 0.

Todas as abordagens de aprendizagem utilizadas nas redes neuronais adaptativas podem ser classificadas em duas categorias principais:

- **Aprendizagem supervisionada** que integra um professor periférico, de modo a que cada unidade de saída seja informada da resposta que pretende dar aos sinais de entrada. Durante o processo de aprendizagem, pode ser necessária informação universal. Os paradigmas da aprendizagem supervisionada incluem a aprendizagem por correção de erros, a aprendizagem por reforço e a aprendizagem estocástica. Uma questão importante no que diz respeito à aprendizagem supervisionada é a delinquência da convergência do erro, ou seja, a minimização do erro entre os valores unitários previstos e calculados. A intenção é determinar um conjunto de pesos que minimize a imprecisão. Um método bem conhecido, que é comum a muitos paradigmas de aprendizagem, é a convergência dos mínimos quadrados médios (LMS).

- **A aprendizagem não supervisionada** não utiliza nenhum professor periférico e baseia-se apenas em informação autóctone. É também designada por auto-organização, na medida em que auto-organiza os dados acessíveis à rede e detecta as suas propriedades cooperativas emergentes. Os arquétipos da aprendizagem não supervisionada são a aprendizagem Hebbian e a aprendizagem competitiva. De Neurónios Humanoides a Neurónios Artificiais Outra faceta da aprendizagem diz respeito à distinção ou não de uma fase distinta, durante a qual a rede é educada, e uma fase de funcionamento subsequente. Dizemos que uma rede neuronal aprende off-line se a fase de aprendizagem e a fase de funcionamento forem discretas. Uma rede neuronal aprende em linha se aprender e operar ao mesmo tempo. Normalmente, a aprendizagem supervisionada é efectuada fora de linha, enquanto a aprendizagem não supervisionada é executada em linha.

4.4.1 Função de transferência

As caraterísticas de uma rede neuronal dependem mutuamente dos pesos e da função de entrada-saída (função de transferência) que é quantificada para as unidades. Esta função enquadra-se habitualmente numa de três categorias:

÷ Linear - A atividade de produção é proporcional à produção total ponderada.

÷ Limiar - a saída é definida num de dois níveis, dependendo do facto de a entrada total ser superior ou inferior a um determinado valor limiar.

÷ Sigmoide - A saída varia constantemente, mas não linearmente, à medida que a entrada difere. As unidades sigmóides assemelham-se mais aos neurónios reais do que as unidades lineares ou de início, mas as três devem ser consideradas estimativas aproximadas.

- Função Sigmoidal:

$$y = f\left(h = w_0 \cdot 1 + \sum_{i=1}^{n} w_i \cdot x_i \; ; \rho\right) = \frac{1}{1 + e^{-h/\rho}}$$

' Função radial, por exemplo. Gaussiana:

$$y = f\left(h = \sum_{i=1}^{n} (x_i - w_i)^2 \; ; \sigma = w_0\right) = \frac{1}{2\pi\sigma} e^{-\frac{h^2}{2\sigma^2}}$$

* Função Linear

$$y = w_0 \cdot 1 + \sum_{i=1}^{n} w_i \cdot x_i$$

Para criar uma rede neuronal que execute uma tarefa explícita, temos de escolher a forma como as unidades são acopladas umas às outras (Figura 3 - Exemplo de uma rede simples de feed forward) e temos de definir adequadamente os pesos das ligações. As ligações determinam se é concebível que uma unidade estimule outra. Os pesos cspccificam a força da influência.

Podemos treinar uma rede de três camadas para realizar uma tarefa específica, utilizando a seguinte técnica:

÷ Apresentamos à rede amostras de treino, que incluem um padrão de actividades para as unidades de entrada, juntamente com o padrão de actividades previsto para as unidades de saída.

÷ Determinamos a proximidade entre a saída real da rede e a saída desejada.

÷ Alteramos o peso de cada ligação para que a rede produza uma melhor estimativa do resultado desejado.

4.4.2 O algoritmo de retropropagação

Para treinar uma rede neural para realizar uma determinada tarefa, é necessário regular os pesos de cada unidade de modo a reduzir a imprecisão entre a saída preferida e a saída real. Este processo implica que a rede neuronal calcule a derivada do erro dos pesos (EW). Por outras palavras, deve calcular a forma como o erro se altera à medida que cada peso é aumentado ou diminuído marginalmente. O algoritmo de retropropagação é o método mais utilizado para determinar o EW.

O algoritmo de retropropagação é fácil de compreender se todas as unidades da rede forem lineares. O algoritmo calcula cada EW calculando primeiro o EA, a taxa em que o erro muda à medida que o nível de atividade de uma unidade é alterado. Para as unidades de saída, o EA é simplesmente a diferença entre a saída real e a desejada. Para calcular a EA de uma unidade oculta na camada imediatamente antes da camada de saída, primeiro identificamos todos os pesos entre essa unidade oculta e as unidades de saída às quais ela está conectada. Em seguida, multiplicamos esses pesos pelos EAs dessas unidades de saída e somamos os produtos. Essa soma é igual ao EA da unidade oculta escolhida. Depois de calcular todos os EAs na camada oculta imediatamente antes da camada de saída, podemos calcular de forma semelhante os EAs para outras camadas, movendo-nos de camada para camada numa direção oposta à forma como as actividades se propagam através da rede. É isso que dá nome à retropropagação. Uma vez calculado o EA para uma unidade, é fácil calcular o EW para cada conexão de entrada da unidade. O EW é o produto do EA e da atividade através da ligação de entrada.

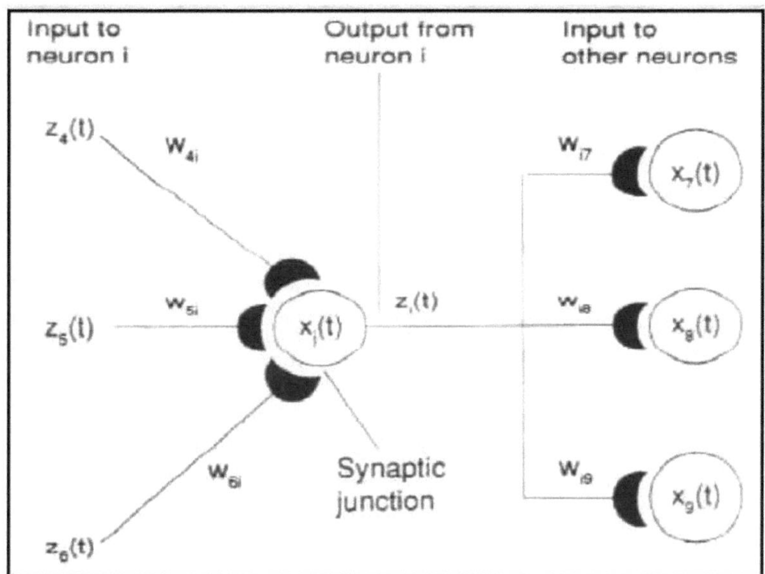

Para unidades não lineares, o algoritmo de retropropagação inclui um passo extra. Antes da retropropagação, o EA deve ser convertido em EI, a taxa a que o erro se altera à medida que a entrada total recebida por uma unidade é alterada.

Uma unidade na camada de saída determina a sua atividade seguindo um procedimento em duas etapas.

÷ Primeiro, calcula a entrada total ponderada xj, utilizando a fórmula:

$$X_j = \sum_i y_i W_{ij}$$

em que y^i é o nível de atividade da j-ésima unidade na camada anterior e W^{ij} é o peso da ligação entre a ith e a j-ésima unidade.

÷ Em seguida, a unidade calcula a atividade yj utilizando uma função da entrada total ponderada. Normalmente, usamos a função sigmoide:

$$y_j = \frac{1}{1+e^{-x_j}}$$

Uma vez determinadas as actividades de todas as unidades de saída, a rede calcula o erro E, que é definido pela expressão:

$$E = \frac{1}{2}\sum_i (y_i - d_i)^2$$

em que y^j é o nível de atividade da unidade j^{th} na camada superior e d^j é a saída desejada da unidade j^{th} .

4.5 Exemplo de reconhecimento de padrões com rede neural

Temos uma coleção de imagens 2×2 em tons de cinzento. Identificámos cada imagem como tendo ou não um padrão semelhante a uma "escada". Aqui está um subconjunto dessas imagens.

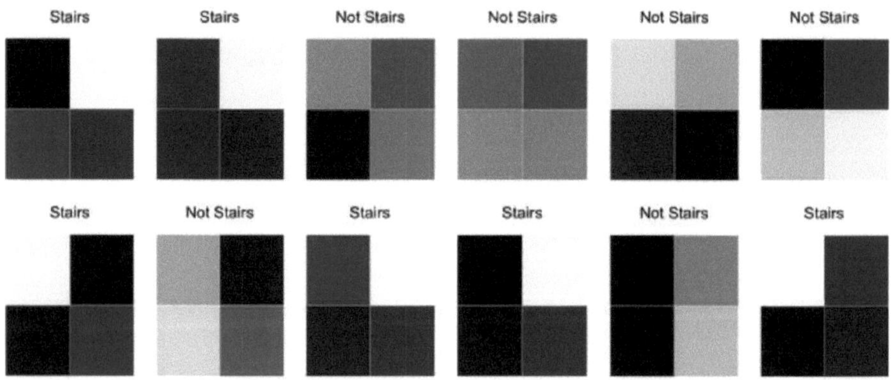

O nosso objetivo é construir e treinar uma rede neural capaz de identificar se uma nova imagem 2×2 tem o padrão da escada.

O nosso conjunto de dados de perfuração é constituído por imagens em escala de cinzentos. Cada imagem tem dois píxeis de largura por dois píxeis de altura, cada píxel representando uma intensidade entre 0 (branco) e 255 (preto). Se rotularmos a intensidade de cada pixel como p1, p2, p3, p4, podemos representar cada imagem como um vetor numérico que pode ser introduzido na nossa rede neural.

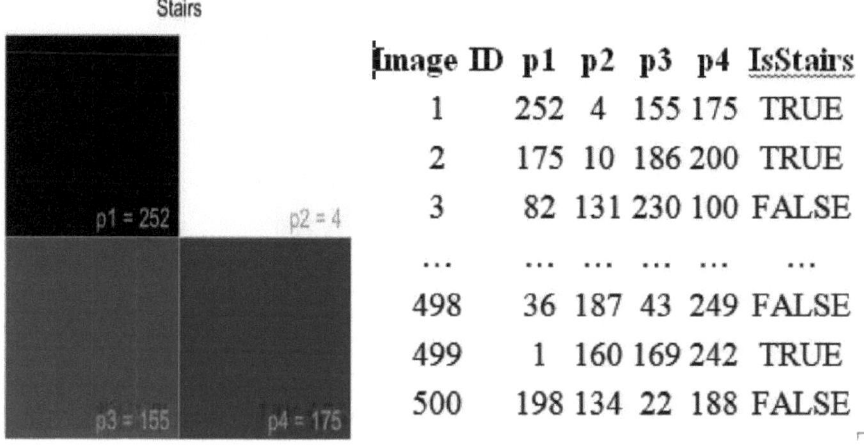

Image ID	p1	p2	p3	p4	IsStairs
1	252	4	155	175	TRUE
2	175	10	186	200	TRUE
3	82	131	230	100	FALSE
...	...	...	...	...	...
498	36	187	43	249	FALSE
499	1	160	169	242	TRUE
500	198	134	22	188	FALSE

Nosso objetivo é encontrar os melhores pesos e bias que se ajustem aos dados de treinamento. Para tornar o processo de otimização um pouco mais simples, trataremos os termos de polarização como pesos para um nó de entrada adicional que fixaremos igual a 1. Agora só temos de otimizar pesos em vez de pesos e enviesamentos. Isto reduzirá o número de objectos/matrizes que temos de controlar.

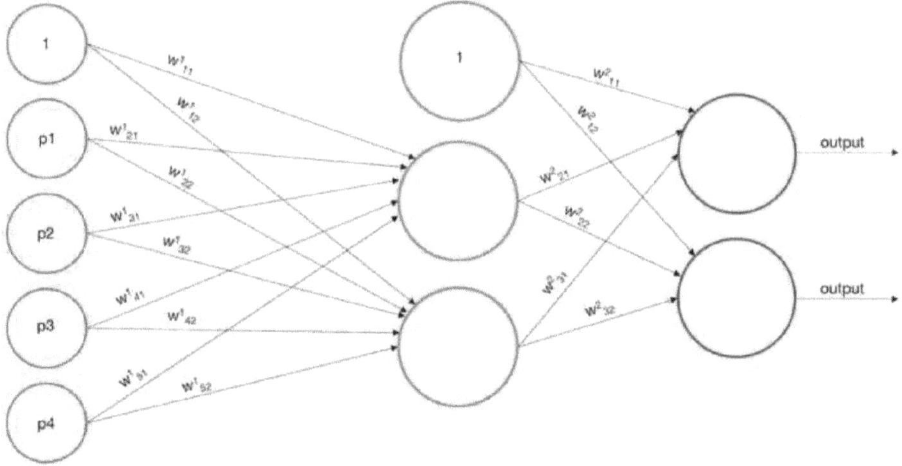

Finalmente, esmagaremos cada sinal de entrada na camada oculta com uma função sigmoide e esmagaremos cada sinal de entrada na camada de saída com a função softmax para garantir que as previsões para cada amostra estejam no intervalo [0, 1] e somem 1.

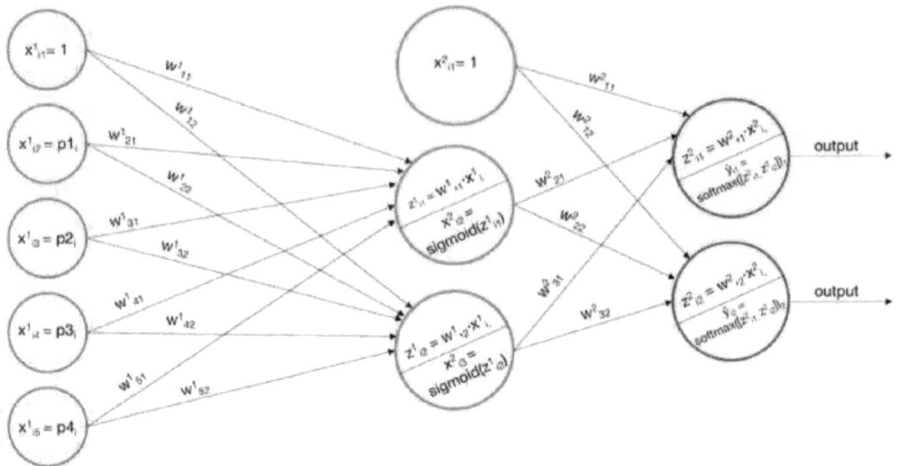

As matrizes que acompanham o gráfico da rede neural são

$$\mathbf{X^1} = \begin{bmatrix} x_{11}^1 & x_{12}^1 & x_{13}^1 & x_{14}^1 & x_{15}^1 \\ x_{21}^1 & x_{22}^1 & x_{23}^1 & x_{24}^1 & x_{25}^1 \\ \dots & \dots & \dots & \dots & \dots \\ x_{N1}^1 & x_{N2}^1 & x_{N3}^1 & x_{N4}^1 & x_{N5}^1 \end{bmatrix} = \begin{bmatrix} 1 & p_{11} & p_{12} & p_{13} & p_{14} \\ 1 & p_{21} & p_{22} & p_{23} & p_{24} \\ \dots & \dots & \dots & \dots & \dots \\ 1 & p_{N1} & p_{N2} & p_{N3} & p_{N4} \end{bmatrix} = \begin{bmatrix} 1 & 252 & 4 & 155 & 175 \\ 1 & 175 & 10 & 186 & 200 \\ 1 & 82 & 131 & 230 & 100 \\ 1 & 115 & 138 & 80 & 88 \end{bmatrix}$$

$$\mathbf{W^1} = \begin{bmatrix} w_{11}^1 & w_{12}^1 \\ w_{21}^1 & w_{22}^1 \\ w_{31}^1 & w_{32}^1 \\ w_{41}^1 & w_{42}^1 \\ w_{51}^1 & w_{52}^1 \end{bmatrix}, \quad \mathbf{Z^1} = \begin{bmatrix} z_{11}^1 & z_{12}^1 \\ z_{21}^1 & z_{22}^1 \\ \dots & \dots \\ z_{N1}^1 & z_{N2}^1 \end{bmatrix}$$

$$\mathbf{X^2} = \begin{bmatrix} x_{11}^2 & x_{12}^2 & x_{13}^2 \\ x_{21}^2 & x_{22}^2 & x_{23}^2 \\ \dots & \dots & \dots \\ x_{N1}^2 & x_{N2}^2 & x_{N3}^2 \end{bmatrix} = \begin{bmatrix} 1 & x_{12}^2 & x_{13}^2 \\ 1 & x_{22}^2 & x_{23}^2 \\ \dots & \dots & \dots \\ 1 & x_{N2}^2 & x_{N3}^2 \end{bmatrix}$$

$$\mathbf{W^2} = \begin{bmatrix} w_{11}^2 & w_{12}^2 \\ w_{21}^2 & w_{22}^2 \\ w_{31}^2 & w_{32}^2 \end{bmatrix}, \mathbf{Z^2} = \begin{bmatrix} z_{11}^2 & z_{12}^2 \\ z_{21}^2 & z_{22}^2 \\ \dots & \dots \\ z_{N1}^2 & z_{N2}^2 \end{bmatrix}$$

$$\mathbf{Y} = \begin{bmatrix} y_{11} & y_{12} \\ y_{21} & y_{22} \\ \dots & \dots \\ y_{N1} & y_{N2} \end{bmatrix} = \begin{bmatrix} 1 & 0 \\ 1 & 0 \\ 0 & 1 \\ 0 & 1 \end{bmatrix}, \widehat{\mathbf{Y}} = \begin{bmatrix} \widehat{y}_{11} & \widehat{y}_{12} \\ \widehat{y}_{21} & \widehat{y}_{22} \\ \dots & \dots \\ \widehat{y}_{N1} & \widehat{y}_{N2} \end{bmatrix}$$

Depois de executar a passagem para a frente nos nossos dados de amostra

$$\mathbf{Z^1} = \begin{bmatrix} -0.42392 & 1.12803 \\ -0.11433 & 0.32380 \\ 1.25645 & 0.87617 \\ 0.02983 & 0.91020 \end{bmatrix}, \mathbf{X^2} = \begin{bmatrix} 1 & 0.39558 & 0.75548 \\ 1 & 0.47145 & 0.58025 \\ 1 & 0.77841 & 0.70603 \\ 1 & 0.50746 & 0.71304 \end{bmatrix}$$

$$\mathbf{Z^2} = \begin{bmatrix} -0.00561 & -0.00022 \\ -0.00676 & 0.00020 \\ -0.00828 & 0.00185 \\ -0.00650 & 0.00038 \end{bmatrix}, \widehat{\mathbf{Y}} = \begin{bmatrix} 0.49865 & 0.50135 \\ 0.49826 & 0.50174 \\ 0.49747 & 0.50253 \\ 0.49828 & 0.50172 \end{bmatrix}$$

Propagação posterior

A nossa estratégia para encontrar os pesos óptimos é a descida do gradiente. Uma vez que dispomos de um conjunto de previsões iniciais para as amostras de treino, começaremos por medir o desempenho atual do modelo utilizando a nossa função de perda, a entropia cruzada. A perda associada à i-ésima previsão seria

$$CE_i = CE(\widehat{\mathbf{Y}_{i.}}, \mathbf{Y}_{i.}) = -\sum_{c=1}^{C} y_{ic} \log(\widehat{y}_{ic})$$

em que c itera sobre as classes de destino.

Note-se aqui que o EC só é afetado pelo valor de previsão associado à instância Verdadeira. Por exemplo, se estivéssemos a fazer um problema de previsão de 3 classes e y = [0, 1, 0], então y' = [0, 0.5, 0.5] e y' = [0.25, 0.5, 0.25] teriam ambos CE = 0.69.

Agora com o diagrama de rede como acima

Step 1

Determine $\frac{\partial CE_1}{\partial \widehat{\mathbf{Y}_{1.}}}$

$$\frac{\partial CE_1}{\widehat{\mathbf{Y}_{1.}}} = \begin{bmatrix} \frac{\partial CE_1}{\widehat{y}_{11}} & \frac{\partial CE_1}{\widehat{y}_{12}} \end{bmatrix}$$

Recall $CE_1 = CE(\widehat{\mathbf{Y}_{1.}}, \mathbf{Y}_{1.}) = -(y_{11} \log \widehat{y}_{11} + y_{12} \log \widehat{y}_{12})$

So $\frac{\partial CE_1}{\partial \widehat{\mathbf{Y}_{1.}}} = \begin{bmatrix} \frac{-y_{11}}{\widehat{y}_{11}} & \frac{-y_{12}}{\widehat{y}_{12}} \end{bmatrix}$

Step 2

Determine $\frac{\partial CE_1}{\partial \mathbf{Z}^2_{1.}}$

$$\frac{\partial CE_1}{\partial \mathbf{Z}^2_{1.}} = \begin{bmatrix} \frac{\partial CE_1}{\partial z^2_{11}} & \frac{\partial CE_1}{\partial z^2_{12}} \end{bmatrix}$$

$$\begin{bmatrix} \frac{\partial CE_1}{\partial z^2_{11}} & \frac{\partial CE_1}{\partial z^2_{12}} \end{bmatrix} = \begin{bmatrix} \frac{\partial CE_1}{\widehat{y}_{11}} \frac{\partial \widehat{y}_{11}}{z^2_{11}} + \frac{\partial CE_1}{\partial \widehat{y}_{12}} \frac{\partial \widehat{y}_{12}}{\partial z^2_{11}} & \frac{\partial CE_1}{\widehat{y}_{11}} \frac{\partial \widehat{y}_{11}}{z^2_{12}} + \frac{\partial CE_1}{\partial \widehat{y}_{12}} \frac{\partial \widehat{y}_{12}}{\partial z^2_{12}} \end{bmatrix} =$$

$$\begin{bmatrix} \frac{\partial CE_1}{\partial \widehat{y}_{11}} & \frac{\partial CE_1}{\partial \widehat{y}_{12}} \end{bmatrix} \times \begin{bmatrix} \frac{\partial \widehat{y}_{11}}{\partial z^2_{11}} & \frac{\partial \widehat{y}_{11}}{\partial z^2_{12}} \\ \frac{\partial \widehat{y}_{12}}{\partial z^2_{11}} & \frac{\partial \widehat{y}_{12}}{\partial z^2_{12}} \end{bmatrix} =$$

$$\frac{\partial CE_1}{\partial \widehat{\mathbf{Y}_{1.}}} \frac{\partial \widehat{\mathbf{Y}_{1.}}}{\partial \mathbf{Z}^2_{1.}}$$

$$\frac{\partial CE_1}{\partial \widehat{\mathbf{Y}_{1.}}}\frac{\partial \widehat{\mathbf{Y}_{1.}}}{\partial \mathbf{Z}^2_{1.}} = \begin{bmatrix} \frac{-y_{11}}{\widehat{y}_{11}} & \frac{-y_{12}}{\widehat{y}_{12}} \end{bmatrix} \times \begin{bmatrix} \widehat{y}_{11}(1-\widehat{y}_{11}) & -\widehat{y}_{12}\widehat{y}_{11} \\ -\widehat{y}_{11}\widehat{y}_{12} & \widehat{y}_{12}(1-\widehat{y}_{12}) \end{bmatrix} =$$

$$\begin{bmatrix} -y_{11}(1-\widehat{y}_{11}) + y_{12}\widehat{y}_{11} & y_{11}\widehat{y}_{12} - y_{12}(1-\widehat{y}_{12}) \end{bmatrix} =$$

$$\begin{bmatrix} -\widehat{y}_{11} - y_{11} & \widehat{y}_{12} - y_{12} \end{bmatrix} =$$

$$\widehat{\mathbf{Y}_{1.}} - \mathbf{Y}_{1.}$$

Step 3

Determine $\frac{\partial CE_1}{\partial \mathbf{W^2}}$

$$\frac{\partial CE_1}{\partial \mathbf{W^2}} = \begin{bmatrix} \frac{\partial CE_1}{\partial w^2_{11}} & \frac{\partial CE_1}{\partial w^2_{12}} \\ \frac{\partial CE_1}{\partial w^2_{21}} & \frac{\partial CE_1}{\partial w^2_{22}} \\ \frac{\partial CE_1}{\partial w^2_{31}} & \frac{\partial CE_1}{\partial w^2_{32}} \end{bmatrix} = \begin{bmatrix} \frac{\partial CE_1}{\partial z^2_{11}}\frac{\partial z^2_{11}}{\partial w^2_{11}} & \frac{\partial CE_1}{\partial z^2_{12}}\frac{\partial z^2_{12}}{\partial w^2_{12}} \\ \frac{\partial CE_1}{\partial z^2_{11}}\frac{\partial z^2_{11}}{\partial w^2_{21}} & \frac{\partial CE_1}{\partial z^2_{12}}\frac{\partial z^2_{12}}{\partial w^2_{22}} \\ \frac{\partial CE_1}{\partial z^2_{11}}\frac{\partial z^2_{11}}{\partial w^2_{31}} & \frac{\partial CE_1}{\partial z^2_{12}}\frac{\partial z^2_{12}}{\partial w^2_{32}} \end{bmatrix} =$$

$$\begin{bmatrix} \frac{\partial CE_1}{\partial z^2_{11}}x^2_{11} & \frac{\partial CE_1}{\partial z^2_{12}}x^2_{11} \\ \frac{\partial CE_1}{\partial z^2_{11}}x^2_{12} & \frac{\partial CE_1}{\partial z^2_{12}}x^2_{12} \\ \frac{\partial CE_1}{\partial z^2_{11}}x^2_{13} & \frac{\partial CE_1}{\partial z^2_{12}}x^2_{13} \end{bmatrix} = \begin{bmatrix} x^2_{11} \\ x^2_{12} \\ x^2_{13} \end{bmatrix} \times \begin{bmatrix} \frac{\partial CE_1}{\partial z^2_{11}} & \frac{\partial CE_1}{\partial z^2_{12}} \end{bmatrix} =$$

$$(\mathbf{X}^2_{1.})^T(\widehat{\mathbf{Y}_{1.}} - \mathbf{Y}_{1.})$$

Step 4

Determine $\frac{\partial CE_1}{\partial \mathbf{X}^2_{1.}}$

$$\frac{\partial CE_1}{\partial \mathbf{X}^2_{1.}} = \begin{bmatrix} \frac{\partial CE_1}{\partial x^2_{11}} & \frac{\partial CE_1}{\partial x^2_{12}} & \frac{\partial CE_1}{\partial x^2_{13}} \end{bmatrix} =$$

$$\begin{bmatrix} \frac{\partial CE_1}{\partial z^2_{11}}\frac{\partial z^2_{11}}{\partial x^2_{11}} + \frac{\partial CE_1}{\partial z^2_{12}}\frac{\partial z^2_{12}}{\partial x^2_{11}} & \frac{\partial CE_1}{\partial z^2_{11}}\frac{\partial z^2_{11}}{\partial x^2_{12}} + \frac{\partial CE_1}{\partial z^2_{12}}\frac{\partial z^2_{12}}{\partial x^2_{12}} & \frac{\partial CE_1}{\partial z^2_{11}}\frac{\partial z^2_{11}}{\partial x^2_{13}} + \frac{\partial CE_1}{\partial z^2_{12}}\frac{\partial z^2_{12}}{\partial x^2_{13}} \end{bmatrix} =$$

$$\begin{bmatrix} \frac{\partial CE_1}{\partial z^2_{11}}w^2_{11} + \frac{\partial CE_1}{\partial z^2_{12}}w^2_{12} & \frac{\partial CE_1}{\partial z^2_{11}}w^2_{21} + \frac{\partial CE_1}{\partial z^2_{12}}w^2_{22} & \frac{\partial CE_1}{\partial z^2_{11}}w^2_{31} + \frac{\partial CE_1}{\partial z^2_{12}}w^2_{32} \end{bmatrix} =$$

$$\begin{bmatrix} \frac{\partial CE_1}{\partial z^2_{11}} & \frac{\partial CE_1}{\partial z^2_{12}} \end{bmatrix} \times \begin{bmatrix} w^2_{11} & w^2_{21} & w^2_{31} \\ w^2_{12} & w^2_{22} & w^2_{32} \end{bmatrix} =$$

$$\left(\frac{\partial CE_1}{\partial \mathbf{Z}^2_{1.}}\right)(\mathbf{W}^2)^T$$

Step 5

Determine $\frac{\partial CE_1}{\partial \mathbf{Z}^1_{1,}}$

$$\frac{\partial CE_1}{\partial \mathbf{Z}^1_{1,}} = \begin{bmatrix} \frac{\partial CE_1}{\partial z^1_{11}} & \frac{\partial CE_1}{\partial z^1_{12}} \end{bmatrix} =$$

$$\begin{bmatrix} \frac{\partial CE_1}{\partial x^2_{12}} \frac{\partial x^2_{12}}{\partial z^1_{11}} & \frac{\partial CE_1}{\partial x^2_{13}} \frac{\partial x^2_{13}}{\partial z^1_{12}} \end{bmatrix} =$$

$$\begin{bmatrix} \frac{\partial CE_1}{\partial x^2_{12}} & \frac{\partial CE_1}{\partial x^2_{13}} \end{bmatrix} \otimes \begin{bmatrix} \frac{\partial x^2_{12}}{\partial z^1_{11}} & \frac{\partial x^2_{13}}{\partial z^1_{12}} \end{bmatrix} =$$

$$\begin{bmatrix} \frac{\partial CE_1}{\partial x^2_{12}} & \frac{\partial CE_1}{\partial x^2_{13}} \end{bmatrix} \otimes \begin{bmatrix} \frac{\partial\, sigmoid(z^1_{11})}{\partial z^1_{11}} & \frac{\partial\, sigmoid(z^1_{12})}{\partial z^1_{12}} \end{bmatrix}$$

Step 6

Determine $\frac{\partial CE_1}{\partial \mathbf{W}^1}$

$$\frac{\partial CE_1}{\partial \mathbf{W}^1} = \begin{bmatrix} \frac{\partial CE_1}{\partial w^1_{11}} & \frac{\partial CE_1}{\partial w^1_{12}} \\ \frac{\partial CE_1}{\partial w^1_{21}} & \frac{\partial CE_1}{\partial w^1_{22}} \\ \frac{\partial CE_1}{\partial w^1_{31}} & \frac{\partial CE_1}{\partial w^1_{32}} \\ \frac{\partial CE_1}{\partial w^1_{41}} & \frac{\partial CE_1}{\partial w^1_{42}} \\ \frac{\partial CE_1}{\partial w^1_{51}} & \frac{\partial CE_1}{\partial w^1_{52}} \end{bmatrix} = \begin{bmatrix} \frac{\partial CE_1}{\partial z^1_{11}} \frac{\partial z^1_{11}}{\partial w^1_{11}} & \frac{\partial CE_1}{\partial z^1_{12}} \frac{\partial z^1_{12}}{\partial w^1_{12}} \\ \frac{\partial CE_1}{\partial z^1_{11}} \frac{\partial z^1_{11}}{\partial w^1_{21}} & \frac{\partial CE_1}{\partial z^1_{12}} \frac{\partial z^1_{12}}{\partial w^1_{22}} \\ \frac{\partial CE_1}{\partial z^1_{11}} \frac{\partial z^1_{11}}{\partial w^1_{31}} & \frac{\partial CE_1}{\partial z^1_{12}} \frac{\partial z^1_{12}}{\partial w^1_{32}} \\ \frac{\partial CE_1}{\partial z^1_{11}} \frac{\partial z^1_{11}}{\partial w^1_{41}} & \frac{\partial CE_1}{\partial z^1_{12}} \frac{\partial z^1_{12}}{\partial w^1_{42}} \\ \frac{\partial CE_1}{\partial z^1_{11}} \frac{\partial z^1_{11}}{\partial w^1_{51}} & \frac{\partial CE_1}{\partial z^1_{12}} \frac{\partial z^1_{12}}{\partial w^1_{52}} \end{bmatrix} =$$

$$\begin{bmatrix} \frac{\partial CE_1}{\partial z^1_{11}} x^1_{11} & \frac{\partial CE_1}{\partial z^1_{12}} x^1_{11} \\ \frac{\partial CE_1}{\partial z^1_{11}} x^1_{12} & \frac{\partial CE_1}{\partial z^1_{12}} x^1_{12} \\ \frac{\partial CE_1}{\partial z^1_{11}} x^1_{13} & \frac{\partial CE_1}{\partial z^1_{12}} x^1_{13} \\ \frac{\partial CE_1}{\partial z^1_{11}} x^1_{14} & \frac{\partial CE_1}{\partial z^1_{12}} x^1_{14} \\ \frac{\partial CE_1}{\partial z^1_{11}} x^1_{15} & \frac{\partial CE_1}{\partial z^1_{12}} x^1_{15} \end{bmatrix} = \begin{bmatrix} x^1_{11} \\ x^1_{12} \\ x^1_{13} \\ x^1_{14} \\ x^1_{15} \end{bmatrix} \times \begin{bmatrix} \frac{\partial CE_1}{\partial z^1_{11}} & \frac{\partial CE_1}{\partial z^1_{12}} \end{bmatrix} =$$

$$(\mathbf{X}^1_{1,})^T \left(\frac{\partial CE_1}{\partial \mathbf{Z}^1_{1,}} \right)$$

Recapping we have

$$\frac{\partial CE_1}{\partial \mathbf{Z}^2_{1,}} = \widehat{\mathbf{Y}_{1,}} - \mathbf{Y}_{1,}$$

$$\frac{\partial CE_1}{\partial \mathbf{X}^2_{1,}} = \left(\frac{\partial CE_1}{\partial \mathbf{Z}^2_{1,}}\right)(\mathbf{W}^2)^T$$

$$\frac{\partial CE_1}{\partial \mathbf{Z}^1_{1,}} = \frac{\partial CE_1}{\partial \mathbf{X}^2_{1,2:}} \otimes (\mathbf{X}^2_{1,2:} \otimes (1 - \mathbf{X}^2_{1,2:}))$$

$$\boxed{\frac{\partial CE_1}{\partial \mathbf{W}^2} = (\mathbf{X}^2_{1,})^T \left(\frac{\partial CE_1}{\partial \mathbf{Z}^2_{1,}}\right)}$$

$$\boxed{\frac{\partial CE_1}{\partial \mathbf{W}^1} = (\mathbf{X}^1_{1,})^T \left(\frac{\partial CE_1}{\partial \mathbf{Z}^1_{1,}}\right)}$$

Agora temos expressões que podemos usar facilmente para calcular como a entropia cruzada da primeira amostra de treinamento deve mudar em relação a uma pequena mudança em cada um dos pesos. Essas fórmulas são facilmente generalizadas para que possamos calcular a mudança na entropia cruzada para cada amostra de treinamento da seguinte forma.

$$\nabla_{\mathbf{Z}^2} CE = \widehat{\mathbf{Y}} - \mathbf{Y}$$

$$\nabla_{\mathbf{X}^2} CE = (\nabla_{\mathbf{Z}^2} CE)(\mathbf{W}^2)^T$$

$$\nabla_{\mathbf{Z}^1} CE = \left(\nabla_{\mathbf{X}^2_{,2:}} CE\right) \otimes (\mathbf{X}^2_{,2:} \otimes (1 - \mathbf{X}^2_{,2:}))$$

$$\boxed{\nabla_{\mathbf{W}^2} CE = (\mathbf{X}^2)^T (\nabla_{\mathbf{Z}^2} CE)}$$

$$\boxed{\nabla_{\mathbf{W}^1} CE = (\mathbf{X}^1)^T (\nabla_{\mathbf{Z}^1} CE)}$$

Repare como estas expressões são convenientes. Já sabemos X^1 , W^1 , W^2 , e Y e calculámos X^2 e Y' durante a passagem para a frente. Isto acontece porque escolhemos inteligentemente as funções de ativação de forma a que a sua derivada pudesse ser escrita como uma função do seu valor atual.

Seguindo a nossa amostra de dados de treino, teríamos,

$$\nabla_{\mathbf{z^2}} CE = \begin{bmatrix} -0.50135 & 0.50135 \\ -0.50174 & 0.50174 \\ 0.49747 & -0.49747 \\ 0.49828 & -0.49828 \end{bmatrix}, \nabla_{\mathbf{x^2}} CE = \begin{bmatrix} 0.00178 & 0.00595 & -0.00190 \\ 0.00179 & 0.00596 & -0.00190 \\ -0.00177 & -0.00590 & 0.00189 \\ -0.00177 & -0.00591 & 0.00189 \end{bmatrix}$$

$$\nabla_{\mathbf{z^1}} CE = \begin{bmatrix} 0.00142 & -0.00035 \\ 0.00148 & -0.00046 \\ -0.00102 & 0.00039 \\ -0.00148 & 0.00039 \end{bmatrix}, \nabla_{\mathbf{W^2}} CE = \begin{bmatrix} -0.00183 & 0.00183 \\ 0.05131 & -0.05131 \\ 0.00916 & -0.00916 \end{bmatrix}$$

$$\nabla_{\mathbf{W^1}} CE = \begin{bmatrix} 0.00010 & -0.00001 \\ 0.09119 & -0.02325 \\ -0.07923 & 0.02464 \\ 0.03601 & -0.00491 \\ 0.07847 & -0.02023 \end{bmatrix}$$

Agora podemos atualizar os pesos dando um pequeno passo na direção do gradiente negativo. Neste caso, vamos deixar o tamanho do passo = 0,1 e fazer as seguintes actualizações.

$$\mathbf{W^1} := \mathbf{W^1} - stepsize \cdot \nabla_{\mathbf{W^1}} CE$$
$$\mathbf{W^2} := \mathbf{W^2} - stepsize \cdot \nabla_{\mathbf{W^2}} CE$$

Para os nossos dados de amostra

$$\mathbf{W^1} := \begin{bmatrix} -0.00470 & 0.00797 \\ -0.01168 & 0.01121 \\ 0.00938 & 0.00076 \\ 0.00456 & 0.00307 \\ -0.01382 & -0.00674 \end{bmatrix}$$

$$\mathbf{W^2} := \begin{bmatrix} -0.00570 & -0.00250 \\ -0.01160 & 0.01053 \\ 0.00282 & 0.00087 \end{bmatrix}$$

Começámos com pesos aleatórios, medimos o seu desempenho e depois actualizámo-los com pesos (esperemos) melhores. O passo seguinte consiste em repetir este processo vezes sem conta, quer num número fixo de vezes, quer até que seja cumprido algum critério de convergência.

4.6 Comparação entre diferentes abordagens

	Stat PR	Synt PR	Neur PR
1. Pattern Generation(Storing) Basis	Probabilistic Models	Formal Grammars	Stable State or Weight Array
2. Pattern Classification Basis	Estimation/Decision Theory	Parsing	Based on Properties of Neural Network
3. Feature Organization	Feature Vector	Primitives and Observed Relations	Neural Input or Stored States
4. Typical Learning Approaches Supervised:	Density/Distribution Estimation	Forming Grammars	Determining Neural Network System parameters
5. Typical Learning Approaches Unsupervised	Clustering	Clustering	Clustering
6. Limitations	Difficulty in Expressing Structural Information	Difficulty in Learning Structural Rules	Often little semantic information from network

Tabela 4: Comparação entre diferentes abordagens

Conclusão

As redes neuronais artificiais são um dos sistemas que exploram e utilizam a experiência e a inovação da natureza para melhorar os nossos padrões de vida quotidianos. As redes neuronais são cativantes para sistemas ligados ao utilizador no domínio da educação, do entretenimento, do processamento de informações, da engenharia genética, da neurologia e da psicologia. Os programas que podem ganhar experiência com os resultados anteriores e aperfeiçoar a execução atual são uma bênção no mundo atual. Sensores despretensiosos e "passivos", como os sensores de ponta dos dedos ou pulseiras para medir a pulsação, a pressão sanguínea, etc., podem fornecer um feedback eficaz a um sistema de controlo neural. A capacidade das redes neuronais para aprender através de exemplos torna-as muito flexíveis e poderosas. Os avanços recentes e as aplicações futuras das redes neuronais incluem:

ii. Integração da lógica difusa nas redes neuronais
iii. Redes neuronais pulsadas
iv. Hardware especializado para redes neuronais
v. Melhoria das tecnologias existentes

No futuro, as redes neuronais poderão permitir:

- Robôs autónomos avançados capazes de visualizar, sentir e prever o mundo que os rodeia
- Atualização da previsão das acções
- Prática conjunta de automóveis autónomos
- Composição avançada de música
- Artefactos manuscritos a serem renovados espontaneamente em documentos formatados de processamento de texto
- Desenvolvimentos no genoma humano para beneficiar a aprendizagem dos dados compilados pelo Projeto Genoma Humanoide
- Diagnóstico de complicações médicas através de redes neuronais e muito mais!

Em conclusão, deve ser articulado que, independentemente de os sistemas neuronais terem uma enorme perspetiva, o melhor deles só pode ser extraído quando são unificados com a computação, a lógica difusa, a IA e assuntos relacionados.

Assim, pode deduzir-se que o reconhecimento de padrões através de redes neuronais pode abrir uma nova era no domínio da computação automática inteligente.

Referência

[1] A.K.Jain,R.P.W.Duin,J.Mao, "Statistical pattern Recognition: A Review",IEEE Transactions on Pattern analysis and machine Intelligence,Vol22,No:1,2000

[2] W. H. Highleyman, "The design and analysis of pattern recognition experiments", The Bell System Technical Journal (Volume: 41, Issue: 2, IEEE, março de 1962.

[3] "Medalha Benjamin Franklin em Ciências Informáticas e Cognitivas". *Instituto Franklin. 2012*. Recuperado em 6 de abril de 2013.

[4] Scholkopf, Bernhard et al (eds)). "Prefácio". Empirical Inference: Festschrift in Honor of Vladimir N. Vapnik. Springer. ISBN 978-3-642-41136-6.2013

[5] Igor Aleksander, Helen Morton, "An introduction to Neural Computing", International Thomson Computer Press, 01-Jan-1995, 2ª edição

[6] Md. Adam Baba, Mohd Gouse Pasha, Shaik Althaf Ahammed, S. Nasira Tabassum, "Introduction to Neural Networks Design", International Journal of Scientific & Engineering Research Volume 4, Issue 2, fevereiro-2013

[7] S.Gupta e A.Mukherjee, "Reconhecimento de padrões usando rede neural: Uma introdução básica", CSI Communications, Vol No:41,Issue No:11,ISSN: 0970-647X,fevereiro de 2018

[8] Oludele Awodele, Olawale Jegede, "Neural Networks and Its Application in Engineering", Actas da Conferência sobre Ciência da Informação e Educação em TI (InSITE) 2009

[9] Aleksander, I. e Morton, "An introduction to neural computing", H. 2ª edição, Artificial Neural Networks in Medicine

[10] Aplicações industriais das redes neuronais (relatórios de investigação Esprit, I.F.Croall, J.P.Mason)

[11] Uma nova abordagem à modelação e ao diagnóstico do sistema cardiovascular

[12] An Introduction to Computing with Neural Nets (Richard P. Lipmann, IEEE ASSP Magazine, abril de 1987)

[13] Stefan Neuber, Jos Nijhuis, Lambert Spaanenburg, "Developments in autonomous vehicle navigation". Institut fur Mikroelektronik Stuttgart, Allmandring 30A, 7000 Stuttgart-80

[14] Klimasauskas, CC. (1989). "A Bibliografia de Neurocomputação de 1989".

[15] Hammerstrom, D. (1986). "Uma Bibliografia de Redes Conexionistas/Neurais".

[16] DARPA Neural Network Study (outubro de 1987-fevereiro de 1989). Laboratório Lincoln do MIT.

[17] Eric Davalo e Patrick Naim, "Redes Neuronais"

[18] Rumelhart, Hinton e Williams (1986), "Learning internal representations by error propagation"

[19] Alkon, D.L 1989, "Memory Storage and Neural Systems, Scientific American", julho, 42-50

[20] Minsky e Papert (1969), "Perceptrons, An introduction to computational geometry", MIT press, edição alargada.

[21] Neural computers, série NATO ASI, Editores: Rolf Eckmiller Christoph v. d. Malsburg

Ligação Web

[1] https://en.wikipedia.org/wiki/ArtifLcial rede neural

[2] https://www.doc.ic.ac.uk/~nd/surprise 96/journal/vol4/cs11 /report.html

[3] https://gormanalysis.com/neural-networks-a-worked-example/

[4] http://www.emsl.pnl.gov:2080/docs/cie/neural/papers2/keller.ccc95.abs.html

Printed by Books on Demand GmbH, Norderstedt / Germany